Angelika Kipp

Igel

Fensterbilder
aus Tonkarton

frechverlag

Von der beliebten Autorin Angelika Kipp sind im frechverlag zahlreiche andere Titel erschienen. Hier eine Auswahl:

TOPP 1780

TOPP 1714

TOPP 1715

TOPP 1683

TOPP 1679

TOPP 1759

Fotos: frechverlag GmbH & Co. Druck KG, 70499 Stuttgart, Fotostudio Ullrich & Co., Renningen
Zeichnungen: Berthold Kipp

Auflage: 5. 4. 3.
Jahr: 1998 97 96 95

Letzte Zahlen maßgebend

ISBN 3-7724-1832-5 · Best.-Nr. 1832
Druck: frechverlag GmbH + Co. Druck KG, D-70499 Stuttgart

Hallo
Igelfreunde!

Liegt es an dem kugeligen Stachelkleid, daß Igel solch eine Faszination ausstrahlen? Der Versuch, sich als „Stachelball“ gegen Feinde zu schützen, hat in der Natur Erfolg – gegen Autoreifen haben die kurzbeinigen Tierchen allerdings keine Chance! Igel gehören mittlerweile zu den gefährdeten Tierarten, ... in welchem Garten werden heute noch die Blätterhaufen liegen gelassen, damit sich die schnaufenden und schmatzenden Gäste den Winter über häuslich einrichten können? Viele Tierheime bieten in den Herbstwochen Hilfe für Igelkinder, die noch zu wenig Speck angefuttert haben, als daß sie den Winter überleben könnten, aber aus falsch verstandener Tierliebe werden auch manche Igel gefangen, die genügend Kräfte für die kalten Monate hätten.

Für eines sind Igel aber auf jeden Fall nicht zu haben: Schmusen und Kuscheln wird bei so vielen Stacheln zum Problem, hier wird Piksen großgeschrieben! Deshalb ein Tip unter uns Igelfreunden: Mit Tonkarton und Schere entstehen unternehmungslustige Stacheltierchen, die ganz harmlos sind, denn Papier-Stacheln können nicht piksen!

Viel Spaß beim Basteln!
Angelika Kipp

Arbeitsmaterial

Tonkarton (in verschiedenen Farben erhältlich)
Schwarzer Filzstift (dünne Strichstärke)
Bleistift, Bleistiftspitzer
Weicher Radiergummi
Transparent- oder Butterbrotpapier
Klebeband
Schere
Lineal
Bastelmesser
Unterlage
Klebstoff
Faden zum Aufhängen (evtl. Nylon)
Nähnadel
Wackelaugen

Tips und Tricks

Tonkarton
Für Ihre Fensterbilder sollten Sie Tonkarton verwenden, damit die Bilder die nötige Stabilität erhalten.

Übertragen des Motivs
Haben Sie sich für ein Motiv entschieden, legen Sie ein Stück Transparent- oder Butterbrotpapier auf den Vorlagenbogen. Befestigen Sie es mit einem kleinen Klebestreifen, damit es nicht verrutscht.

Zeichnen Sie alle Linien mit einem weichen, aber spitzen Bleistift nach. Anschließend wenden Sie das Transparentpapier und legen es auf den Tonkarton der entsprechenden Farbe. Mit einem spitzen Bleistift ziehen Sie die gewünschten Linien nochmals kräftig nach. Bei diesem Arbeitsgang wird der zuerst gezeichnete Bleistiftstrich auf den Karton übertragen.

Die Vorlagen können Sie nun mühelos ausschneiden; evtl. vorhandene Bleistiftstriche entfernen Sie mit einem weichen Radiergummi.

Gestaltung des Motivs von der Vorder- und der Rückseite

Ein frei hängendes Fensterbild sollte von der Vorder- und der Rückseite gestaltet werden. Hierzu benötigen Sie die meisten Teile in doppelter Ausführung. Die Teile werden auf der Rückseite spiegelverkehrt, aber in der gleichen Reihenfolge wie auf der Vorderseite angeordnet.

Klebstoff

Bevor Sie die Teile zusammenkleben, legen Sie sie passend aufeinander; so haben Sie die Möglichkeit, die Umrisse der zu klebenden Teile mit einem Bleistift zu kennzeichnen.
Damit kein Schmierfleck durch den Klebstoff entsteht, tragen Sie ihn einige Millimeter vom markierten Rand entfernt auf.
Da manche Klebstoffe den Tonkarton wellen, sollten Sie Ihren Kleber zuvor an einem Probekarton testen.

Das Aufhängen

Es gibt verschiedene Möglichkeiten, ein Fensterbild aufzuhängen. Sie können sich zwischen dem altbewährten Faden und einem Klebeband entscheiden. Wenn Sie mit einem Faden arbeiten wollen, balancieren Sie das Motiv zwischen Daumen und Zeigefinger aus, bis Sie die richtige Stelle gefunden haben.

Mit einer Nadel stechen Sie dann einige Millimeter vom Rand entfernt in den Tonkarton und ziehen nun den Faden durch.
Je größer das Motiv, um so sinnvoller ist es, das Fensterbild an zwei Fäden aufzuhängen.

Eine stürmische Brise

In das Segel bläst ein wilder Wind – lieber Wind, komm, treib mich fort geschwind!

Zeichnen Sie das Igelgesicht und alle gepunkteten Linien (s. Vorlagenbogen) auf.

Die Segel des Windfahrzeuges werden zusammengefügt; befestigen Sie sie am fertiggestellten Gefährt, das die beiden zweiteiligen Räder und die Hupe braucht.

Das stürmische Igelkind zieht einen warmen Pullover an und bindet sich darüber noch einen Schal um. Durch die stachelige Haarpracht, die auf dem Kopf sitzt, pfeift der Wind. Der Igel wird von hinten in sein Gefährt gesetzt – erst jetzt ergänzen Sie den linken Ärmel einschließlich Pfote, die auf der Hupe liegt.

Stellen Sie das Windfahrzeug auf seine herbstliche Startposition, und auf geht's!

Ein nettes Pärchen

Weil die beiden ein Auge aufeinander geworfen haben, benötigen sie zuerst einmal ihre Gesichter, die Sie ihnen aufmalen.
Dann geht's ans Anziehen, wobei das Shirt unter die Hose bzw. den Rock geklebt wird. Achtung: Bevor Sie von hinten den linken Arm des Igelmädchens an dem blauen Rock fixieren, müssen Sie die Tulpe darunter schieben. Die Kleine bekommt noch ihre Stachelfrisur – das rote Haarband hat es tatsächlich geschafft, einige Stacheln zu einem Pferdeschwanz zu zähmen! Genauso wie der Junge erhält sie noch von hinten ihre kurzen Igelbeinchen, von vorne wird der fertige Kopf aufgeklebt.
Bevor Sie bei dem Igeljungen den fertigen Kopf samt Stachelschopf fixieren, müssen der eine Hosenträger samt Knopf und das dreiteilige Halstuch angebracht werden. Flicken auf der Kleidung sind auch noch nötig, ... das ist nun mal so bei den Stacheltierchen!

Spitz sind die vielen Stacheln doch, drum hat die Kleidung manches Loch.

Tut, tut, ich komme!

Dieses rote Auto soll es sein, man fährt es ohne Führerschein.

Zeichnen Sie dem lustigen Gesellen das Gesicht auf, und „bekleiden" Sie ihn mit den Stacheln und der roten Kappe. Auf der roten Karosserie werden von vorne die gelben Kotflügel und die zweiteiligen Räder fixiert. Der rasante Fahrer setzt sich ans Steuer, das Sie von hinten ergänzen. Jetzt fehlt noch der rechte Arm, ... und wenn er schon keinen Führerschein hat, wenigstens weiß er, wie man Hupe spielt!

Das Laub fällt

Huch, wer hat mich da denn bloß geweckt? Jetzt hab ich mich direkt erschreckt!

Das Gesicht des verschämten Stacheltierchens sowie die Blattlinien werden aufgemalt.
Der kleine Geselle, der nur von hinten mit seinen Stacheln bekleidet ist, bedeckt sich bei so vielen Betrachtern noch schnell mit einem Eichenblatt, das auf seinen Beinen klebt. Die beiden Arme und die Blätter nicht vergessen.

Stachelpflege

Zeichnen Sie bei dem Frühaufsteher zunächst das Gesicht und alle gepunkteten Linien auf, die Sie auf dem Vorlagenbogen finden.
Mit seinen Stacheln, den Pantoffeln, dem hellbraunen Gesicht-Brust-Teil und den echt starken Streifen-Shorts können Sie den kleinen Gesellen schon auf die Bademattestellen.
Um der morgendlichen Rasur pflichtgemäß nachzukommen, benötigt er noch seinen zusammengefügten Pinsel samt Rasierschaum und das zweiteilige Handtuch, wobei ein Teil *unter,* der andere *auf* dem linken Arm fixiert wird.
Zum Schluß den rechten Arm ergänzen – schön, daß der Igel nun wenigstens im Gesicht nicht mehr pikst!

Das Gesicht wird glatt rasiert, damit beim Küssen nichts passiert.

Siesta

Zeichnen Sie das Gesicht des schlafenden Igels auf. Legen Sie dann das blaue Kissen auf die Rückenlehne des Schaukelstuhls. Dem kleinen Faulpelz werden die Hose, die Pantoffeln und die Krawatte angezogen, das Stachelkleid wird von vorn ergänzt. Plazieren Sie den müden Gesellen so in dem Schaukelstuhl, daß die Stacheln auf dem Kissen liegen; der Arm, den Sie noch von vorne fixieren, ruht auf der Lehne.

Und pssst – sonst wacht der kleine Träumer auf!

Man kann es ihm sofort ansehn, im Schaukelstuhl ist's sehr bequem.

Zwecklos

Zeichnen Sie auf den kleinen Igel das Gesicht und die gepunkteten Linien (s. Vorlagenbogen).
Geben Sie ihm dann von hinten seine widerspenstigen Stacheln und von vorne die dunkelbraunen Füße.
Um in seine hartnäckige Haarpracht ein wenig Ordnung zu bringen, braucht das Igelchen noch einen Kamm – erst danach wird das kleine Pfotenteil auf den rechten Arm geklebt!
Nun kann es sich in dem zweiteiligen Spiegel betrachten,... ob es sich so gefällt?

Spieglein, Spieglein
in der Hand,
wer ist der Schönste
hier im Land?

Der Nachtschwärmer

Zunächst werden das Gesicht, die Pantoffelpunkte und alle gepunkteten Linien (s. Vorlagenbogen) aufgezeichnet.
Der kleine Nachtschwärmer schlüpft von hinten in seine Pantoffeln und zieht den Bademantel an, den Sie mit dem gelben Gürtel und dem Kragen verzieren. Von vorne werden die Stachelfrisur und die Nachtmütze ergänzt; dann ist der Ärmel mit der dahintergeklebten Hand an der Reihe. Damit der „Pantoffelheld“ nicht im Dunkeln umherstolpert, geben Sie ihm zum Schluß noch eine Kerze mit der gelben Halterung.

Übers Fallobst drüber

Arbeiten Sie zuerst das dunkelbraune Stachelteil, zu dem auch die Beine gehören; dann folgt die gelbe Sporthose. Das Gesicht und die Arme, die aus einem einzigen Stück Tonkarton bestehen, werden aufgeklebt. Ganz zum Schluß bekommt der tolle Sportler sein rotes Trikot. Von vorne noch die Zunge und die Füße ergänzen, das Gesicht aufmalen, den Apfel als Hindernis aufbauen, und rüber übers Fallobst!

Recht sportlich ist das Igelkind. Seht, wie es übers Fallobst springt!

Auf zum Sandkasten!

Das Lausbuben-Gesicht mit den Wakkelaugen fixieren Sie auf dem Haarteil. Das gelbe Shirt sitzt unter der blauen Latzhose, die mit den Knöpfen und den beiden Taschen verziert ist. Wenn Sie die Füße an die Hosenbeine anlegen, verbinden die Aufschläge diese beiden Teile. Auf dem Kopf, der von vorne ergänzt wird, sitzt die Schirmmütze mit den Stacheln. Jetzt braucht der kleine Abenteurer von hinten noch seine Arme und das Spielzeug. Nachbars Garten ruft!

***Nichts wie hin
in Nachbars großen Garten,
dort werden schon
die Freunde warten!***

Flieg, mein Drachen, flieg!

Zeichnen Sie die Gesichter des Igels und des Drachens auf.
Auf das hellbraune Körperteil wird von vorne das Stachelkleid geklebt, dann ergänzen Sie den roten Schal und den Kopf samt Stachelfrisur. Die grüne Drachenschnur wird unter den linken Arm geschoben und von hinten am Drachen fixiert, den Sie noch hübsch schmükken. Achten Sie darauf, daß der Drachen dabei mit dem Schal und der Wiese verbunden wird – das ist aus Stabilitätsgründen sehr wichtig, sonst wird er womöglich vom Wind davongepustet!

Wenn der Herbst naht, ist die Zeit des Drachenfliegens nicht mehr weit.

Mittagspause

**Unterm Schirm
leicht angelehnt,
sich das Tier
nach Ruhe sehnt.**

Zeichnen Sie zunächst das Gesicht des erschöpften Tierchens und alle gepunkteten Linien (s. Vorlagenbogen) auf.

Auf dem hellbraunen Kopf-Brust-Teil sitzen das dunkelbraune Stachelkleid, die schwarze Nase und die rote Hose. Dann kleben Sie auf das hintere Schirmteil den schwarzen Schirmstock, der auch auf der Hose des müden Kerlchens fixiert wird. Erst jetzt dürfen Sie die beiden Arme ergänzen und das vordere Schirmteil anbringen. Und wenn Sie dann noch die beiden Füße hinter die Hose geklebt haben, lehnt sich der Igel an den zweiteiligen Baumstamm, umrahmt von den beiden Pilzen.

Häuptling „Spitzer Stachel“

Den Namen trägt er wohl zu Recht, denn seine Stacheln, die sind echt.

Zuerst werden das Häuptlingsgesicht sowie alle gepunkteten Linien (s. Vorlagenbogen) aufgezeichnet.

Damit das Stacheltier auch wirklich ein echter Häuptling wird, geben Sie ihm außer den Stacheln von vorne noch den Lendenschurz, die Kriegsbemalung und von hinten die Federn.
Wenn Häuptling „Spitzer Stachel“ im Kanu sitzt, bekommt er das Paddel und seinen linken Arm – jetzt kann er im wahrsten Sinne des Wortes in See stechen!

Radtour

Schneller, schneller, kleines Igelkind, zeig's dem starken Gegenwind!

Da es der Igel heute eilig hat, schneiden Sie schnell den roten Rahmen des Rades aus; montieren Sie von hinten die zweiteiligen Reifen.
Zeichnen Sie dem Sportsmann das Gesicht auf. Dann bekommt er noch die Stacheln, den Arm, die Radlerhose und das Bein. Vergessen Sie das Pedal nicht, wenn Sie den kleinen Sportler auf dem Fahrrad fixieren – und wenn er sich sehr beeilt, dann kommen die Luftballons auch nicht zu nahe an sein Stachelkleid!

Der original „Igelschnitt“

Das experimentierfreudige Igelkind bekommt sein aufgemaltes Gesicht.
Das gelbe Hemd und die rote Hose werden auf die Stacheln geklebt, das Gesicht und die Füßchen ebenfalls von vorne angebracht. Erst jetzt ergänzen Sie die beiden Ärmel mit den untergeklebten Händen – denken Sie aber auch an die Schere, die noch daruntergeschoben werden muß. Setzen Sie den Lausbub auf die Blumenwiese, auf der die abgeschnittenen Stachelspitzen verstreut umherliegen.

Was wohl die Eltern zu diesem original Igelschnitt sagen werden ...?

Mit der Schere
schnipp und schnapp,
sind die spitzen
Stacheln ab.

Erntezeit

Zeichnen Sie die lustigen Gesichter der beiden Tiere sowie alle gepunkteten Linien und die Blattadern auf.
Die verängstigte Raupe, die aus dem angebissenen Apfel herausschaut, unterbreitet mit ihrer zweiteiligen Fahne ein Friedensangebot.

Geben Sie dem Igel sein Stachelkleid, und „spießen" Sie ein Blatt auf. Der kleine Kerl steht auf der Wiese und nascht am Apfel. Ob er das Friedensangebot annehmen wird?

Die kleine Raupe
ist in großer Not,
drum macht sie ihm
ein Friedensangebot.

Herbstwetter

Der Herbst bläst durch die Blätter und bringt viel Regenwetter.

Zeichnen Sie das Igelgesicht, die Schirm- und Blattlinien auf.
Kleben Sie den Schal auf das helle Körperteil. Die Rückenstacheln werden *von hinten,* die Stacheln des Kopfes *von vorne* befestigt.
Bevor Sie die beiden Arme fixieren, bringen Sie den zweiteiligen Schirm an. Nun braucht das Stacheltier nur noch von hinten in seine Stiefel zu schlüpfen, und schon wirbelt der Herbststurm die Blätter durch die Luft!

Ein echter Fußballfan

Die Treue
hält er dem Verein,
man muß nicht
immer erster sein.

Das Gesicht des drolligen Fußballfans wird aufgemalt, danach bekommt er von hinten die Stacheln und von vorne seine „Vereinstracht". Geben Sie ihm die Flagge in die Hand. (Die selbstklebenden Buchstaben sind im Fachhandel erhältlich.) Nun kann er seine Mannschaft kräftig unterstützen – und welche Farben hat Ihr Verein?

I. FC IGELHAUSEN

Genügend Winterspeck?

Hat sich der Kleine schon genügend Winterspeck angefuttert? Na, dann bereiten Sie die Waage schon einmal vor, und setzen Sie das Stacheltier mit dem aufgeklebten und bemalten Gesicht in die Waagschale.
Diese Reserven werden wohl für den bevorstehenden Winterschlaf reichen…

In netter Gesellschaft

Verschwägert sind wir beide nicht, obwohl ein jeder von uns sticht.

Zeichnen Sie die Stacheln, das Igelgesicht sowie alle gepunkteten Linien (s. Vorlagenbogen) auf.
Den Kaktus und die Stacheln des Igels fixieren Sie von hinten am Blumentopf; das Igelköpfchen wird von vorne aufgeklebt.

Der kleine Surfer

Eine frische Brise weht, und es kann losgehen!
Zunächst montieren Sie das Surfbrett: Dekorieren Sie das rote Segel mit dem blauen und dem gelben Streifen und mit dem grauen Viereck; dann werden die schwarzen Stangen aufgeklebt. Zeichnen Sie anschließend das Igelgesicht auf, und geben Sie dem Surfer seine Stacheln.
Ziehen Sie dem Stacheltier die Badehose an, stellen Sie es aufs Brett, und der Surfspaß kann beginnen.